● 湿地景观

● 沙漠景观

保护区景观

● 大漠夕阳景观

● 农田景观

● 单脉大黄

● 斧翅沙芥

● 甘草

● 胡杨

● 裸果木

● 蒙古扁桃

保护区植物

● 绵刺

● 肉苁蓉

● 沙冬青

● 沙拐枣

● 梭梭

● 中麻黄

● 大白刺群丛

● 拂子茅群丛

● 胡杨群丛

● 芦苇群丛

● 膜果麻黄＋泡泡刺群丛

● 梭梭群丛

● 驼绒藜群丛

● 中麻黄群丛

保护区植物群落

● 苍鹰

● 赤麻鸭

● 大沙鼠

保护区动物

● 大天鹅

● 黑斑侧褶蛙

● 红沙蟒

● 荒漠沙蜥

● 金雕

● 蒙古兔

● 沙狐

● 卑狼夜蛾

● 东方黄胡蜂

● 东方星步甲

● 华北蝼蛄

● 亚洲小车蝗

● 中华负蝗

● 中华萝蘑肖叶甲

● 中华蚱蜢

保护区昆虫